NOUVEAU MOYEN

DE

PRÉPARER LA COUCHE SENSIBLE DES PLAQUES

DESTINÉES A RECEVOIR LES

IMAGES PHOTOGRAPHIQUES,

PAR M. DAGUERRE.

LETTRE A M. ARAGO.

PARIS,
BACHELIER, IMPRIMEUR-LIBRAIRE
DU BUREAU DES LONGITUDES, DE L'ÉCOLE POLYTECHNIQUE, ETC.,
QUAI DES AUGUSTINS, 55.

1844.

NOUVEAU MOYEN

DE

PRÉPARER LA COUCHE SENSIBLE DES PLAQUES

DESTINÉES A RECEVOIR LES

IMAGES PHOTOGRAPHIQUES,

PAR M. DAGUERRE.

LETTRE A M. ARAGO.

PARIS,

IMPRIMERIE DE BACHELIER,

RUE DU JARDINET, 12.

1844

NOUVEAU MOYEN

DE

PRÉPARER LA COUCHE SENSIBLE DES PLAQUES

DESTINÉES A RECEVOIR

LES IMAGES PHOTOGRAPHIQUES.

LETTRE A M. ARAGO.

Vous avez bien voulu annoncer à l'Académie que j'étais arrivé, par une suite d'expériences, à reconnaître d'une manière certaine que, dans l'état actuel de mon procédé, la couche sensible à la lumière étant trop mince, elle ne pouvait fournir toute la dégradation de teintes nécessaire pour reproduire la nature avec relief et fermeté; en effet, quoique les épreuves obtenues jusqu'à ce jour ne manquent pas de pureté, elles laissent, à quelques exceptions près, beaucoup à désirer sous le rapport de l'effet général et du modelé (1).

---

(1) Sur la plaque décapée au moyen de la couche d'eau, comme je l'ai indiqué, on obtient très-rapidement des épreuves d'une grande finesse, mais qui manquent aussi de modelé, à cause du peu d'épaisseur de la couche sensible.

C'est en superposant sur la plaque plusieurs métaux, en les y réduisant en poussière par le frottement et en acidulant les espaces vides que laissent leurs molécules, que je suis parvenu à développer des actions galvaniques qui permettent l'emploi d'une couche d'iodure beaucoup plus épaisse sans avoir à redouter, pendant l'opération de la lumière dans la chambre noire, l'influence de l'iode devenu libre.

La nouvelle combinaison que j'emploie, et qui se compose de plusieurs iodures métalliques, a l'avantage de donner une couche sensible qui se laisse impressionner simultanément par toutes les valeurs de ton, et j'obtiens ainsi, dans un très-court espace de temps, la représentation d'objets vivement éclairés avec des demi-teintes qui conservent toutes, comme dans la nature, leur transparence et leur valeur relative.

En ajoutant l'or aux métaux dont je me servais d'abord, je suis parvenu à aplanir la grande difficulté que présentait l'usage du brome comme substance accélératrice. On sait que les personnes très-exercées pouvaient seules employer le brome avec succès et qu'elles n'arrivaient à obtenir le maximum de sensibilité que par hasard, puisque ce point est impossible à déterminer très-précisément, et qu'immédiatement au delà le brome attaque l'argent et s'oppose à la formation de l'image (1).

Avec mon nouveau moyen, la couche d'iodure est toujours saturée de brome, puisqu'on peut laisser sans inconvénient la plaque exposée à la vapeur de cette substance la moitié au moins du temps nécessaire; car l'application de la couche d'or s'oppose à la formation de ce qu'on appelle *le voile de brome*. Il ne faut cependant pas abuser de cette facilité, car la couche d'or, étant très-mince, pourrait être attaquée, surtout si on l'avait trop usée par le polissage (2). On trouvera peut-être le procédé que je vais donner un peu compliqué; mais, malgré le désir que j'avais de le simplifier autant que possible, j'ai été au contraire conduit, par les résultats de mes expériences, à multiplier les sub-

---

(1) Tout le monde sait que la vapeur sèche du brome est plus favorable que celle qu'on obtient au moyen de l'eau bromée, car cette dernière a l'inconvénient d'entraîner avec elle de l'humidité qui se condense à la surface de la plaque. L'emploi de l'huile que j'indique plus loin neutralise cet effet et donne à la vapeur du brome étendu d'eau la même propriété qu'à celle du brome sec.

(2) Cela est tellement vrai que, si l'on fait une épreuve sur une plaque qui a été fixée plusieurs fois, on peut la laisser à l'exposition de la vapeur du brome autant de fois en plus du temps nécessaire qu'elle a reçu de différentes couches d'or.

stances employées qui, toutes, jouent un rôle important dans l'ensemble du procédé. Je les regarde comme étant toutes nécessaires pour obtenir un résultat complet, et cela doit être, puisque ce n'est que graduellement que je suis arrivé à découvrir les propriétés de ces différents métaux, dont l'un aide à la promptitude, l'autre à la vigueur de l'épreuve, etc. (1).

Il naît du concours de ces substances une puissance qui neutralise tous les effets inconnus qui venaient si souvent s'opposer à la formation de l'image (2).

Je crois d'ailleurs que la science et l'art ne doivent pas être arrêtés par la considération d'une manipulation plus ou moins longue; on doit se croire heureux d'obtenir à ce prix de beaux résultats, surtout lorsque les moyens d'exécution sont faciles.

Car la préparation galvanique de la plaque ne

---

(1) Je veux dire seulement que l'emploi de tous les métaux que j'indique plus loin est indispensable; mais la manière de les appliquer peut varier.

(2) Car, en multipliant ces éléments comme dans une pile, on augmente cette puissance, et l'on parvient ainsi à faire agir dans le même temps les radiations les plus paresseuses, telles que celles du rouge et du vert.

présente aucune difficulté. L'opération se divise en deux parties principales : la première, qui est la plus longue, peut être faite très-longtemps à l'avance, et peut être considérée comme le complément de la fabrication de la plaque. Cette opération une fois faite, sert indéfiniment, et l'on peut, sans la recommencer, faire un grand nombre d'épreuves sur la même plaque.

Désignation des nouvelles substances.

Solution aqueuse de bichlorure de mercure (sublimé corrosif) ;

Solution de cyanure de mercure ;

Huile de pétrole blanche acidulée avec de l'acide nitrique ;

Dissolution de chlorure d'or et de platine.

Préparation des substances.

Solution aqueuse de bichlorure de mercure (*sublimé corrosif*). — 5 décigrammes de bichlorure de mercure dans 700 grammes d'eau distillée.

Solution de cyanure de mercure. — On sature un flacon d'eau distillée de cyanure de mercure, et l'on en décante un volume quelconque, que l'on allonge d'une égale quantité d'eau distillée.

Huile de pétrole blanche acidulée (1). — On acidule cette huile en y mêlant un dixième d'acide nitrique pur, qu'on y laisse au moins quarante-huit heures, en ayant soin d'agiter le flacon de temps en temps. On décante l'huile qui s'est acidulée, et qui rougit alors fortement le papier de tournesol. Elle s'est aussi un peu colorée, tout en restant très-limpide.

Dissolution de chlorure d'or et de platine. — Pour ne pas multiplier les dissolutions, j'ai pris pour point de départ le chlorure d'or ordinaire, qui sert à fixer les épreuves. On sait qu'il est

---

(1) L'huile de pétrole la plus convenable est d'un ton jaune-verdâtre, et prend, sous différents angles, des reflets azurés.

J'ai donné la préférence à cette huile sur les huiles fixes, parce qu'elle reste toujours limpide, quoique fortement acidulée. Le but que je me propose en employant une huile acidulée est de réduire les métaux en poussière et de retenir cette poussière à la surface de la plaque, en même temps de donner plus d'épaisseur à la couche par ses propriétés onctueuses; car le naphte qui résulte de la distillation de cette huile ne produit pas le même effet, parce qu'étant trop fluide, il entraîne la poussière des métaux. C'est par cette même raison que j'ai conseillé dernièrement l'emploi de l'*essence de lavande,* plutôt que celui de l'essence de térébenthine.

composé de 1 *gramme de chlorure d'or et de 4 grammes d'hyposulfite de soude pour 1 litre d'eau distillée.*

Quant au chlorure de platine, il faut en faire dissoudre 2 ½ décigrammes dans 3 litres d'eau distillée; on mêle ensuite ces deux dissolutions en égales quantités.

MANIÈRE D'OPÉRER.

Première préparation de la plaque.

Nota. — Pour être plus court dans la description qui va suivre, j'indiquerai chaque substance en abrégé. Ainsi je dirai, pour désigner la *solution aqueuse de bichlorure de mercure,* sublimé; pour la *solution de cyanure de mercure,* cyanure; pour l'*huile de pétrole acidulée,* huile; pour la *dissolution de chlorure d'or et de platine,* or et platine; et pour l'*oxyde de fer,* rouge seulement.

On polit la plaque avec du sublimé et du tripoli d'abord, et ensuite avec du rouge (1), jusqu'à

---

(1) Si je préfère, pour polir, le rouge aux autres substances, ce n'est pas que je lui reconnaisse une propriété photogénique, mais bien parce qu'il brunit mieux et qu'il aide à fixer la couche d'or qui n'est plus si susceptible de s'enlever par écailles lorsqu'on la chauffe trop.

Les plaques galvaniques, lorsqu'elles n'ont ni marbrures

ce qu'on arrive à un beau noir. Puis, on pose la plaque sur le plan horizontal et on y verse la solution de cyanure que l'on chauffe avec la lampe, absolument comme si l'on fixait une épreuve au chlorure d'or. Le mercure se dépose et forme une couche blanchâtre. On laisse un peu refroidir la plaque, et après avoir renversé le liquide, on la sèche en la frottant avec du coton et en la saupoudrant de rouge.

Il s'agit maintenant de polir la couche blanchâtre déposée par le mercure. Avec un tampon de coton imbibé d'huile et de rouge, on frotte cette couche juste assez pour qu'elle devienne d'un beau noir. On pourra, en dernier lieu, frotter assez fortement, mais avec du coton seul, pour amincir le plus possible la couche acidulée.

Ensuite on place la plaque sur le plan horizontal et on y verse la dissolution d'or et de platine. On chauffe comme à l'ordinaire; on laisse refroidir et puis on renverse le liquide que l'on sèche, en frottant légèrement avec du coton et du rouge.

Il faut faire cette opération avec soin, surtout

---

ni taches noires (ce qui arrivait quelquefois dans l'origine), reçoivent mieux que les autres l'application des métaux, et par conséquent le chlorure d'or y adhérant plus fortement ne s'enlève pas par écailles.

lorsqu'on ne doit pas continuer immédiatement l'épreuve; car autrement, on laisserait sur la plaque des lignes de liquide, qu'il est toujours difficile de faire disparaître. Par ce dernier frottage la plaque ne doit être que séchée et non pas polie.

Ici se borne la première préparation de la plaque, celle qui peut être faite longtemps à l'avance.

Seconde préparation.

Nota. Je ne crois pas convenable de mettre entre cette opération et l'iodage de la plaque un intervalle de plus de douze heures.

Nous avons laissé la plaque avec un dépôt d'or et de platine. Pour polir cette couche métallique, il faut prendre avec un tampon de coton de l'huile et du rouge, et frotter jusqu'à ce que la plaque redevienne noire; et puis avec de l'alcool et du coton seulement, on enlève le plus possible cette couche d'huile et de rouge.

Alors on frotte assez fortement, et en repassant plusieurs fois aux mêmes endroits, la plaque avec du coton imprégné de cyanure. Comme cette couche sèche très-promptement, elle pourrait laisser sur la plaque des traces d'inégalité; pour éviter cela, il faut repasser le cyanure, et pendant que la plaque est encore humide, avec un tampon imbibé d'un peu d'huile on s'empresse de frotter sur toute la surface de la plaque, et de mêler ainsi ces deux substances; puis, avec un tampon de coton sec, on frotte pour unir et en même temps pour dessécher la plaque, en ayant soin d'enlever du tampon de coton les parties qui s'humectent de cyanure et d'huile. Enfin, comme le coton laisse encore des traces, on saupoudre également la plaque d'un peu de rouge que l'on fait tomber en frottant légèrement et en rond.

Ensuite, avec un tampon imprégné d'huile seulement, on frotte la plaque également, et de manière à faire revenir le bruni du métal; et puis on saupoudre avec du rouge, et l'on frotte très-légèrement en rond, de manière à faire tomber tout le rouge qui entraîne avec lui la surabondance de la couche acidulée (1).

Enfin, avec un tampon de coton un peu ferme, on frotte fortement pour donner le dernier poli (2).

---

(1) Il faut avoir soin d'appuyer le moins possible, car autrement le rouge adhérerait à la plaque et formerait un voile général.

(2) Lorsque l'on opérera sur une plaque qui aura reçu longtemps à l'avance la première préparation, il faudra, avant d'employer l'huile acidulée et l'oxyde rouge, opérer comme je l'indique plus loin pour la plaque qui a reçu une épreuve fixée. Cette précaution est nécessaire pour détruire les taches que le temps pourrait avoir développées.

Il n'est pas nécessaire de renouveler souvent les tampons imbibés d'huile et de rouge; il faut seulement les garantir de la poussière.

J'ai dit plus haut que la première préparation de la plaque peut servir indéfiniment; mais on comprend que la seconde doit être modifiée selon qu'on opère sur une plaque qui a reçu une épreuve fixée ou une non fixée.

Sur l'épreuve fixée.

Il faut enlever les taches laissées par l'eau du lavage, avec l'oxyde rouge et de l'eau faiblement acidulée d'acide nitrique (à 2 degrés dans cette saison, et moins dans l'été).

Ensuite, il faut polir la plaque avec de l'huile et du rouge pour enlever toutes les traces de l'image qu'on efface.

On continue alors l'opération comme je viens de le dire plus haut pour la seconde préparation de la plaque neuve et à partir de l'emploi de l'alcool.

Sur l'épreuve non fixée (mais dont la couche sensible a été enlevée comme à l'ordinaire, dans l'hyposulfite de soude).

D'abord, il faut frotter la plaque avec de l'alcool et du rouge pour enlever les traces de l'huile qui a servi à faire l'épreuve précédente.

On continue ensuite comme il est indiqué plus haut pour la plaque neuve, et à partir de l'emploi de l'alcool.

TABLEAU RÉSUMÉ DES OPÉRATIONS.

Première préparation.

1°. *Sublimé corrosif* avec *tripoli* d'abord, et *rouge* ensuite, pour polir la plaque;

2°. *Cyanure de mercure chauffé* et *séché* avec du *coton* et du *rouge;*

3°. *Huile acidulée* avec *rouge* pour polir la couche de mercure;

4°. *Or et platine chauffé* et *séché* avec du *coton* et du *rouge.*

Seconde préparation.

5°. *Huile acidulée* avec *rouge* pour polir la couche d'or et de platine;

6°. *Alcool absolu* pour enlever le plus possible l'huile et le rouge;

7°. *Cyanure de mercure employé à froid* et *frotté seulement* avec du *coton;*

8°. *Huile frottée assez fortement* et *égalisée* en dernier lieu avec du *rouge saupoudré.*

Sur l'épreuve fixée.

1°. *Acide nitrique* à 2 degrés avec *rouge* pour enlever les taches;

2°. *Huile* avec *rouge* pour enlever les traces d'image et pour polir.

Continuer ensuite comme plus haut, à partir du n° 6, alcool, etc.

Sur l'épreuve non fixée (dont la couche sensible a été enlevée avec l'hyposulfite de soude).

Alcool avec *rouge* pour enlever les traces d'huile, et continuer comme plus haut, à partir du n° 6, alcool, etc.

OBSERVATIONS.

De l'iodage.

La couleur de l'épreuve dépend de la teinte que l'on donne à l'iodure métallique. On peut donc la varier à volonté; cependant la couleur *rose violâtre* m'a paru la plus convenable.

Pour transmettre l'iode à la plaque, on peut remplacer la feuille de carton par un plateau de faïence dont on aura usé l'émail. L'iode transmis par ce moyen n'est pas décomposé.

Il est inutile, je dirai même nuisible, de chauffer la plaque avant de l'exposer à la vapeur de l'iode.

Du lavage à l'hyposulfite de soude.

Pour enlever la couche sensible, il ne faut pas que la dissolution d'hyposulfite de soude soit trop forte, parce qu'alors elle voile les vigueurs. 60 grammes d'hyposulfite suffisent pour 1 litre d'eau distillée.

IMPRIMERIE DE BACHELIER,

RUE DU JARDINET, N° 12.

www.ingramcontent.com/pod-product-compliance
Ingram Content Group UK Ltd.
Pitfield, Milton Keynes, MK11 3LW, UK
UKHW021152230726
13926UKWH00001B/61